J. Bien

Bettina Grabis

Löwenzahn

Abenteuer Luftfahrt

Vom Doppeldecker zum Düsenflugzeug

XENOS

Bildnachweis

Umschlag:
Alexander Habermehl (Peter Lustig)
BAE Systems (Airbus A380)
Deutsche Lufthansa AG (Propellerflugzeug)
Zeppelin Museum Meersburg (Zeppelin)

Innenteil:
Air France Deutschland (S. 35 u., S. 36 o.)
Alinari Archives, Florenz (S. 5 u.; "The Fall of Icarus" by Carlos Saraceni, conserved at the National Museum of Capodimonte in Naples, reproduced with the permission of Ministero per i Beni e le Attività Culturali)
Auto & Technik Museum Sinsheim/www.technik-museum.de (S. 36 u.)
BAE Systems (S. 22 re.)
CAE Inc. (S. 25 Mi.)
Cessna Aircraft Company (S. 19 li. Mi. und re. Mi.; courtesy of Cessna Aircraft Company)
Deutsche Lufthansa AG (S. 4 u., S. 5 o. Mi., S. 18 u., S. 22 li. o., S. 24 u., S. 27 li. u., S. 30 re. Mi., S. 31 re. o.)
Deutsches Museum, München (S. 7 re. u., S. 21 re. u., S. 39)
DHV (Oliver Barthelmes S. 46 u. und Stefan Mast S. 47 o.)
Eurocopter (S. 40 alle)
Fraport (Flughafen Frankfurt) (S. 27 re. Mi., S. 30 li. o. und u., S. 30. re. o., S. 31 li. Mi. , S. 31 u.)
Lilienthal-Museum Anklam (S. 4 re. Mi., S. 15 beide re. Mi., S. 15 li. u., S. 16 li. o.)
Longview Convention and Visitors Bureau (S. 8, "Great Texas Balloon Race")
Luxair (S. 19 u.)
Mountain-Skydive, Belp, Schweiz (S. 46 o.)
NASA Dryden Flight Research Center (NASA-DFRC) (S. 34/35 o.)
Niklaus Wächter (S. 13 Mi.)
U.S. Air Force (S. 16 u., S. 34 Mi. und u.)
U.S. Fish & Wildlife Service/D. Menke (S. 5 re. o.)
Transport Pictures (Stiche S. 5 re. Mi., S. 7 re. o. und Mi., S. 15 re. o., 4x S. 16, S. 25 o., S. 31 re. o.)
Wikipedia (S.22 li. u.)
www.segelflug.de (S. 47 Mi.);
ZDF/Christiane Pausch (S. 32, S. 41)
ZDF/Studio-TV, Berlin (S. 6 beide, S. 20)
Zeppelin Museum Meersburg (4 Postkarten S. 10, S. 11 o. und Mi., S.12 Mi. und u., S. 13 re. u., S. 15 u. Mi. und u. re., S. 17 Mi., S. 18 o.)

Besonderer Dank geht an Heinz Urban mit seinem schönen Zeppelin-Museum in Meersburg.

ISBN 3-8212-2937-3

Licensed by Creschendo Media GmbH
Bavariafilmplatz 7
82031 Geiselgasteig

Verantwortlich für diese Ausgabe:
XENOS Verlagsgesellschaft mbH
Am Hehsel 40, 22339 Hamburg

Konzeption und Text: Bettina Grabis und Günter W. Kienitz mit Kai Rönnau
Fotoredaktion: Bettina Grabis, Günter W. Kienitz, Eleonore Gregori
Illustrationen: Christoph Tillmann
Redaktion: Eleonore Gregori
Fachlektorat: Dieter Schmidt
Grafische Gestaltung: Velte-Design
Wir danken Margrit Lenssen und Remo Trerotola von der Löwenzahn-Redaktion, ZDF tivi, und natürlich auch Peter Lustig für die freundliche Unterstützung.
Printed in Italy

Inhaltsverzeichnis

Der Traum vom Fliegen

„Morgen, Herr Lustig!", ruft eine Stimme. Peter sieht von seiner Zeitung auf. Am Gartenzaun steht sein Nachbar und winkt mit einem farbigen Umschlag. „Morgen, Herr Paschulke", grüßt Peter zurück. „Was haben Sie denn da?" Der Nachbar kommt zum Bauwagen: „Einen Gutschein für eine Fahrt mit dem Ballon. Den habe ich zum Geburtstag bekommen, von meiner Schwester."

„Na toll!", freut sich Peter. „Aber warum machen Sie denn da so ein Gesicht?"

„Weil ich Flugangst habe", gesteht der Nachbar. „Schon beim Gedanken an die Höhe wird mir übel. Möchten Sie die Fahrt nicht für mich antreten?" Peter ist platt. „Ich? Aber gerne!"

„Fein. Dann nehmen Sie." Der Nachbar reicht Peter den Gutschein. „Nur eine Bitte habe ich noch. Können Sie vielleicht aus dem Ballon ein Foto von meinem Haus machen? Als Beweis, dass ich auch wirklich oben war. Für meine Schwester ..." Er zwinkert Peter zu. Peter zwinkert zurück. „Aber klar doch. Versprochen!" Gleich am nächsten Tag will Peter seinen Gutschein einlösen. Was kann es Schöneres geben, als sich vom Wind tragen zu lassen wie die Vögel?

Doppeldecker von Otto Lilienthal

Der uralte Traum vom Fliegen

Peter ist nicht der Erste, der davon träumt zu fliegen. Wann sich zum ersten Mal ein Mensch danach sehnte, lässt sich heute nicht mehr feststellen. Aber es ist sicher sehr lange her.

Doch weil den Menschen nun mal keine Flügel wachsen, mussten sie sich allerhand einfallen lassen, um sich diesen Traum zu erfüllen. Unzählige Versuche gingen schief, bis sich zum ersten Mal ein Mensch in die Lüfte erhob.

Wer heute in ein Flugzeug steigt, um in die Ferne zu fliegen, tut das meist ganz

Schiff und Flugzeug in einem: die Dornier X

selbstverständlich und verschwendet keinen Gedanken an den Mut und den Erfindungsreichtum der Luftfahrtpioniere.
In diesem Buch erfährst du, wie die Geschichte der Luftfahrt begann und welchen Tüftlern wir es verdanken, dass wir in wenigen Stunden Länder erreichen, zu denen unsere Vorfahren Wochen oder gar Monate unterwegs waren.

Dädalus und Ikarus

Aus uralter Zeit stammt die erste bekannte Geschichte von fliegenden Menschen: Dädalus, ein Gefangener des Königs Minos von Kreta, plante seine Flucht. Dazu bastelte er aus Wachs und Federn zwei Paar Flügel, mit denen er und sein Sohn Ikarus auf und davon fliegen wollten. Leider wurde Ikarus übermütig und flog so hoch, dass die Sonne das Wachs seiner Flügel schmelzen ließ. Ikarus stürzte ins Meer und ertrank. So gewann Dädalus zwar seine Freiheit, verlor dabei aber seinen Sohn.

Erste Flugversuche

Natürlich ist die Geschichte von Dädalus und Ikarus eine Legende und hat vielleicht nie stattgefunden. Trotzdem zeigt sie zweierlei: Die Menschen wollten um jeden Preis fliegen lernen, und Flugpioniere lebten gefährlich. Im Laufe der Jahrhunderte wurden immer wieder aberwitzige Apparate entwickelt, mit denen wagemutige Forscher versuchten, sich in die Lüfte zu erheben. Weil diese Versuche nie gelangen, wurden sie von ihren Zeitgenossen oft verspottet, belächelt und für Spinner gehalten. Viele von ihnen landeten unsanft auf der Erde, manche bezahlten ihren Kampf gegen die Schwerkraft sogar mit dem Leben.

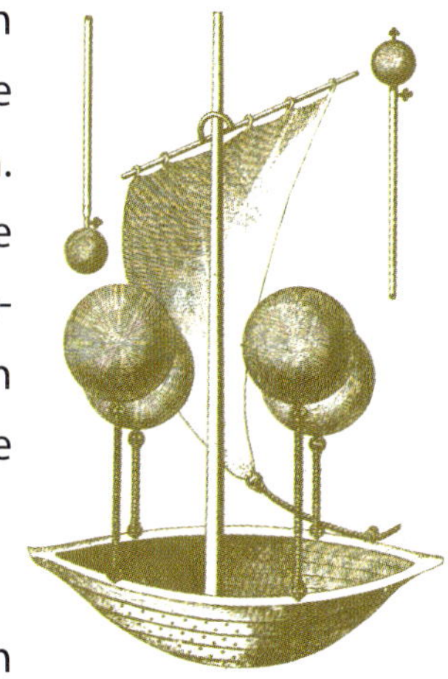

Entwurf für ein Luftschiff aus dem Jahr 1670

Dädalus und Ikarus auf der Flucht

Peter hebt ab

Es ist noch dunkel, als Peter früh am Morgen mit dem Fahrrad losstrampelt. Ballonfahrer müssen früh raus. Denn bevor es losgehen kann, gibt es eine Menge zu erledigen. Der Ballon muss mit Gas aufgepumpt und viele kleine Ballastsäcke müssen mit Sand gefüllt werden. Endlich ist es so weit. Der riesige Ballon ist prall gefüllt und startbereit. Ein bisschen mulmig ist Peter schon, als er in den kleinen Korb klettert. Die Pilotin wirft ein paar Sandsäcke ab, und schon beginnt der Ballon langsam in die Höhe zu steigen.
„Wir fliegen!", stellt Peter begeistert fest, und auf einmal ist das flaue Gefühl in seinem Magen wie weggeblasen.
„Nein", korrigiert ihn die Pilotin, „wir fahren. So heißt das bei Ballonfahrern. Ein Schiff fährt auf dem Meer und ein Ballon fährt in der Luft. Schon die ersten Ballonfahrer haben die Luft ‚Luftmeer' genannt."
„Aha", sagt Peter, „und wo fliegen ... äh ... fahren wir jetzt hin?"
„Das entscheidet allein der Wind", antwortet die Pilotin. „Im Moment trägt er uns nach Südosten."

Die ersten Menschen gehen in die Luft

Noch viel aufregender als für Peter muss die erste Ballonfahrt für die Brüder Joseph und Jacques Montgolfier gewesen sein. Sie waren die Erfinder des ersten Gefährts, mit dem es Menschen tatsächlich gelang zu fliegen!
Ihrer Konstruktion lag der Gedanke zugrunde, dass alles aufsteigt, was leichter ist als Luft. Um die Ballonhülle möglichst leicht zu halten, fertigten die beiden sie aus Leinen und Papier an. Vor dem Start entfachten sie ein Feuer, über dem sie den Ballon montierten. Da heiße Luft leichter ist als kalte, steigt sie nach oben. So stieg auch die heiße Luft, die sich nun im Ballon der beiden Brüder sammelte, nach oben und zog den Ballon mit sich. Vor den Augen vieler begeisterter Zuschauer erhob sich ein Ballon mit zwei Männern an Bord und stieg etwa 1 km hoch in die Luft.

Mit diesem ersten Flug der Montgolfiere (so nannten die beiden Brüder ihre Erfindung) im Jahr 1783 war der Traum vom Fliegen für die Menschheit Wirklichkeit geworden.

Die Montgolfiere hebt ab.

Joseph und Jacques Montgolfier

Die Brüder Montgolfier irrten sich

Auf ihrer Suche nach etwas, das leichter ist als Luft, stießen die beiden Brüder auf das „geheimnisvolle Gas“, das als dichter Rauch aus Feuern aufstieg. Mit diesem Gas füllten sie ihren Ballon und hatten damit auch Erfolg; der Ballon erhob sich in die Luft. Was sie nicht wussten: Das „geheimnisvolle Gas“ war nichts anderes als heiße Luft. Und heiße Luft ist immer leichter als kühle, egal wie sie erhitzt wird.

Beim Great Texas Balloon Race in Longview steigen jedes Jahr Massen von Heißluftballons gleichzeitig in den Himmel – ein farbenfrohes Schauspiel.

So funktionieren Ballons

Nicht nur heiße Luft lässt einen Ballon in die Höhe steigen, auch Gas erfüllt diesen Zweck, vorausgesetzt, es ist leichter als Luft. Daher existieren nebeneinander zwei Typen von Ballons: Heißluftballons und Gasballons. Lenken kann man beide Ballontypen nicht. Wohin die Reise geht, hängt alleine vom Wind ab.

Heißluftballons
sieht man häufiger am Himmel als Gasballons. Das hat zwei Gründe: Zum einen sind sie billiger, weil Luft nichts kostet, zum anderen können sie fast überall abheben. Denn um sie zu betreiben, ist lediglich eine Flasche Propangas für den Brenner nötig. Die passt in einen Kombi. Weniger schön ist, dass der Brenner einen Heidenlärm macht.
Steigen wird durch Aufdrehen, Sinken durch Herunterdrehen des Brenners erreicht.

Gasballons
haben zwei Vorteile: Sie sind kleiner als Heißluftballons und sie fahren (wie das in der Luftschiffersprache heißt) geräuschlos. Dass sie trotzdem selten geworden sind, hat zwei Gründe: Gas ist sehr teuer und muss zudem im LKW angeliefert werden. Deshalb können Gasballons nicht überall starten.
Steigen wird durch das Abwerfen von Sandsäcken, Sinken durch das Ablassen von Gas erreicht.

Peters Heißluftballon

„Es war herrlich!", schwärmt Peter dem Nachbarn vor, als er wieder zu Hause ist. „Dieser Ausblick! Und diese Ruhe!" Der Nachbar sieht ihn verständnislos an. „Ruhe nennen Sie das? Neulich ist mal so ein Ballon über mein Haus geflogen, der hat einen schrecklichen Lärm gemacht."

„Ja, ja, den hab ich auch gehört", antwortet Peter. „Aber das war ja auch ein Heißluftballon. Der hat einen Brenner. Und der macht Lärm."

„Sie meinen, in dem Ballon war gar kein Gas drin, sondern nur ganz normale Luft?", fragt Paschulke ungläubig. „Und mit so was fliegen die?"

„Heiße Luft", korrigiert ihn Peter. „Und die will hoch hinaus. Ich zeig's Ihnen."

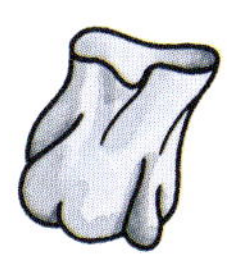

Peter legt einen Bogen Tonkarton, ein Lineal, eine Schere und einen Mülleimerbeutel auf den Tisch. Aus dem Tonkarton schneidet er zwei 25 cm lange und 3 cm breite Streifen aus. Die klebt er aufeinander und formt aus dem doppelt gemoppelten Streifen einen Ring. Die beiden Enden klebt er aufeinander. Nachdem er dem Kleber ein bisschen Zeit zum Trocknen gelassen hat, schiebt er das offene Ende des Mülleimerbeutels durch den Ring.

Für das Experiment brauchst du:

- *1 Mülleimerbeutel*
- *Tonkarton*
- *Lineal*
- *Schere*
- *Klebstoff*
- *Föhn*

Dann krempelt er den Rand des Mülleimerbeutels nach außen und faltet ihn fest um den Ring herum.

„So", überlegt Peter, „nun brauche ich nur noch etwas heiße Luft." Er verschwindet kurz im Bad. „Einen Brenner habe ich zwar nicht, aber ich wette, der hier tut's auch", sagt er, als er mit einem Föhn zurückkommt. Paschulke macht große Augen. Peter schiebt den Ring über das Blasrohr des Föhns.

Er schaltet den Föhn auf der schwächsten Stufe ein (damit es dem Müllbeutel nicht zu heiß wird!), und schon steigt der Heißluftballon in die Luft.

Gegen den Wind

„Herr Lustig, haben Sie nicht noch was vergessen?“ Der Nachbar hält erwartungsvoll die Hand auf. Peter stutzt. „Vergessen? Wie ...?“
„Na die Luftbildaufnahme von meinem Haus“, hilft ihm der Nachbar auf die Sprünge.
„Ach die, ja natürlich“, seufzt Peter.
„Die habe ich leider nicht.“
Der Nachbar ist empört: „Wie? Sie haben vergessen, das Foto zu machen? Aber Sie haben es doch versprochen!“
„Ich habe es nicht vergessen. Ich konnte es gar nicht machen“, erklärt Peter. „Der Wind hat uns in die andere Richtung getrieben.“
„Und wie soll ich jetzt meiner Schwester beweisen, dass ich ihr Geschenk auch wirklich eingelöst habe?“, jammert der Nachbar zerknirscht. „Wie stehe ich denn jetzt da?“ Peter hat ein Einsehen.
„Wissen Sie was? Ich mache noch einen Flug. Aber diesmal nicht mit einem Ballon. Ich suche mir ein Fluggerät, mit dem ich auch gegen den Wind fliegen kann.“

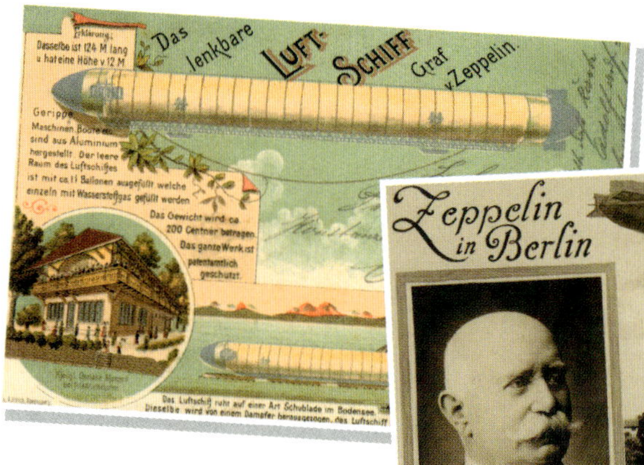

... bei Tante Elli auf dem Dachboden entdeckt.

Gern auch als „fliegende Zigarren" bezeichnet: Zeppeline

Vom Wind gesteuert

Dass Geschwindigkeit und Richtung in der jungen Luftfahrt nur vom Wind bestimmt wurden und der Mensch keinen Einfluss darauf hatte, stört nicht nur Peter. Schon 200 Jahre vor ihm vermissten die Luftschiffer eine Möglichkeit, das Fluggerät zu steuern. Solange man die Ballons nicht nach Belieben lenken konnte, taugten sie nicht als Verkehrsmittel.

Immer wieder machten sich deshalb Erfinder und Techniker Gedanken darüber, wie man das Problem der fehlenden Steuerung lösen könnte.

Lösungsversuche gab es viele. Doch sie scheiterten alle, vor allem deshalb, weil es noch keine geeigneten Motoren gab. So vergingen nach dem ersten Ballonflug noch einmal rund hundert Jahre, bis die ersten lenkbaren Fluggeräte gebaut werden konnten:
die Luftschiffe.

Schiffe am Himmel

Neben der Lenkbarkeit hatten die neuen Luftschiffe einen weiteren Vorteil: Statt in einem winzigen offenen Korb reiste man nun in geräumigen, geschlossenen und bequemen Kabinen. Was für ein Luxus!

Es gab sogar ein Restaurant an Bord!

1913 verband das Luftschiff-Netz bereits 8 deutsche Städte: Baden-Baden – Berlin-Johannisthal – Dresden – Düsseldorf – Frankfurt a. M. – Gotha – Hamburg – Leipzig

„Sie wollen also wirklich in einen Zeppelin steigen?“, fragt Paschulke entsetzt.

„Ja, wissen Sie denn nicht, wie gefährlich das ist?“

„Gefährlich?“, fragt Peter. „Wieso denn das?“

„Na, diese Dinger sind doch immer in Flammen aufgegangen. Da gab es doch diese schreckliche Katastrophe in Amerika!“

„Richtig“, erinnert sich Peter, „aber das ist doch schon eine Ewigkeit her. Ich kann mir nicht vorstellen, dass so etwas heute auch noch passieren kann.“

Der Nachbar bleibt skeptisch: „Gehen Sie der Sache lieber noch einmal nach. Ich möchte meinen Nachbarn nicht für ein Luftbild verlieren.“

Luftschiff vom Typ Parseval

Auf das Gas kommt es an

Es dauert nicht lange, bis Peter den Grund für das Unglück in Erfahrung gebracht hat. Die „Hindenburg“ war mit dem brennbaren und explosiven Gas Wasserstoff gefüllt. Heute werden Luftschiffe stattdessen mit Helium betrieben. Weil dieses Edelgas nicht brennen kann, ist die Gefahr einer Explosion ausgeschlossen.

Lakehurst 1937: Die „Hindenburg“ geht in Flammen auf.

Luftschiffe gestern …

Anfang des vergangenen Jahrhunderts konnte man bereits Vergnügungsreisen an Bord eines Luftschiffes unternehmen. Kannst du dir vorstellen, wie aufregend das damals war?

In Deutschland wurde 1909 die erste Fluggesellschaft gegründet. Ein neues Zeitalter hatte begonnen. 1936 ging das größte und wohl berühmteste Luftschiff an den Start. Die „Hindenburg" war 245 Meter lang und fasste 200 Millionen Liter Gas. Ein Jahr später passierte die Katastrophe, und kurz danach wurde der Luftschiffverkehr eingestellt.

… und heute

Heute sind Luftschiffe nur noch selten am Himmel zu sehen. Die modernen Zeppeline, die so genannten Blimps, sind viel kleiner als ihre Vorgänger und werden hin und wieder zu Werbezwecken und für kurze Rundflüge eingesetzt. Aber es gibt Pläne für neue große Luftschiffe, die in Zukunft Transportaufgaben übernehmen sollen.

Rundflug über dem Vierwaldstätter See

Ferdinand Graf von Zeppelin

Ein Einfall mit Flügeln

Den ganzen Tag ist Peter in der Stadt unterwegs gewesen. Er hat nach einem Luftschiff geforscht, von dem aus er das versprochene Foto für den Nachbarn machen könnte. Doch ohne Erfolg. „Das einzige Luftschiff, das ab und zu über Bärstadt kreist, das wollte mich nicht mitnehmen", klagt er. „Oder sagen wir: Nur zu einem sehr hohen Preis."
Selbst den hätte Peter noch bezahlt, wäre er im Augenblick nicht ziemlich pleite. Schließlich hat er gerade ein teures Flugticket nach München gekauft, wo seine Tante Hilde am Wochenende ihren 95sten Geburtstag feiert.

„Moment mal, das ist es doch!", schießt es Peter da durch den Kopf. „Ich brauche gar kein Luftschiff. Alle Flugzeuge, die vom Flughafen Bärstadt in Richtung Süden starten, überfliegen unseren Stadtteil. Ich kann das Foto also auch auf meinem Flug nach München machen. Durchs Flugzeugfenster!"
Im wahrsten Sinne des Wortes ‚beflügelt' macht sich Peter ans Kofferpacken. „Dass ich darauf nicht gleich gekommen bin: Ein Flugzeug, natürlich!"

Den Vögeln abgeschaut

Der alte Grieche Dädalus war nicht der einzige Mensch, der die Kunst des Fliegens von den Vögeln lernen wollte. Im Laufe der Jahrhunderte versuchten viele Pioniere, sich per Flügelschlag in die Luft zu erheben und zu fliegen.

Doch ihre Versuche mussten missglücken. Menschen fehlt nämlich schlicht die Muskelkraft, die benötigt wird, um Flügel in ausreichender Größe zu bewegen. So führte die Idee, die Flugtechnik der Vögel nachzuahmen, für lange Zeit in eine Sackgasse.

Erst im 19. Jahrhundert brachte eine neue Sichtweise den Durchbruch. Vogelflügel, so fanden schlaue Tüftler heraus, haben zwei Funktionen: Ausgebreitet dienen sie als Tragflächen, auf und ab bewegt sorgen sie für den Antrieb.

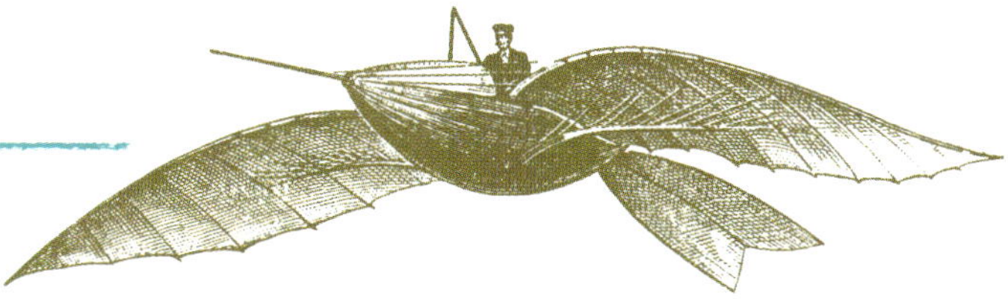

Eindeutig Vögeln nachgeahmt

Dieser neuen Erkenntnis folgend, wurden Fluggeräte mit starren Flügeln gebaut. Nun fehlte nur noch ein Antrieb. Das Nächstliegende wurde als Erstes ausprobiert: ein beherzter Sprung von einem erhöhten Standpunkt. Und tatsächlich: Es funktionierte! 1891 gelangen dem deutschen Maschinenbauingenieur Otto Lilienthal die ersten wiederholbar sicheren Gleitflüge in der Geschichte.

Bis Motoren als Antrieb eingesetzt wurden, vergingen allerdings noch einmal fast 100 Jahre!

Frühes Gleitwasserflugzeug

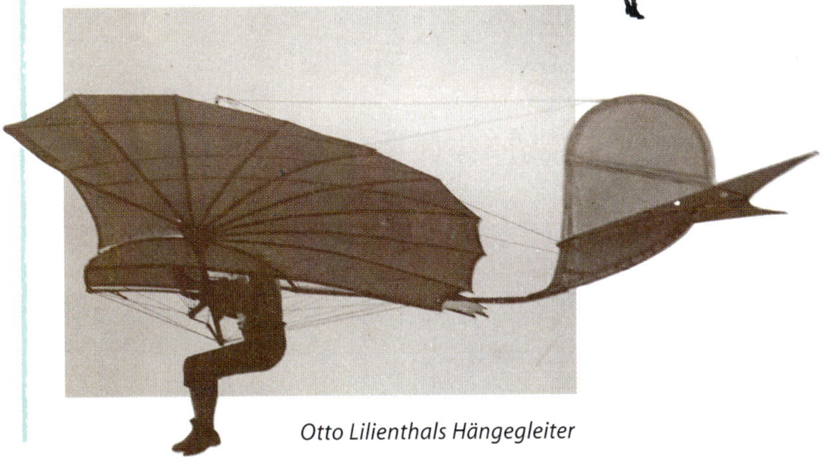

Otto Lilienthals Hängegleiter

Pioniere des Flugzeugbaus

Otto Lilienthal

Die Brüder Orville und Wilbur Wright

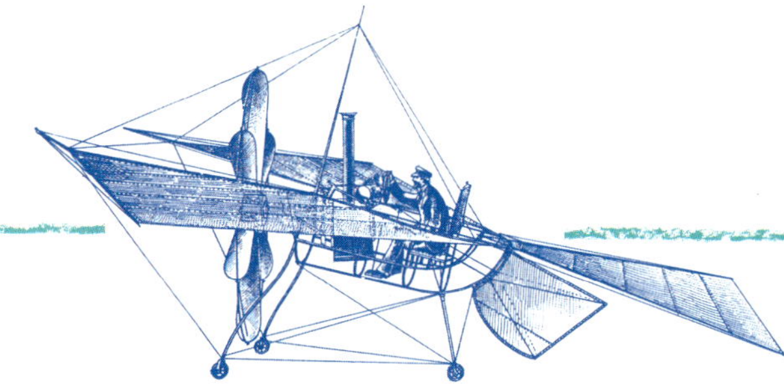

Otto Lilienthals „Flugapparat“

Immer nur von einem erhöhten Standpunkt aus starten zu können, war auf Dauer sehr unpraktisch. Außerdem kamen die Gleitflugzeuge nicht weit. Die paar hundert Meter, die sie zurücklegten, bevor sie wieder zu Boden gingen, konnte man locker auch zu Fuß gehen.

Also musste ein Antrieb her, der Starts auf ebenen Flächen sowie weitere Flüge möglich machte. Der Engländer Sir George Cayley nahm die Sache in die Hand. Er entwarf einen Verbrennungsmotor, der das Fluggerät durch die Luft ziehen sollte. Doch leider war Benzin so unbezahlbar teuer, dass Cayleys geniale Idee lange Zeit nicht verwirklicht werden konnte. Andere Tüftler versuchten, Flugapparate mit Dampfmaschinen anzutreiben. Doch diese Bemühungen blieben alle erfolglos. Die dampfbetriebenen Maschinen waren zu groß und vor allem viel zu schwer, um als Flugzeugantrieb zu taugen.

So blieb den Pionieren fast ein Jahrhundert lang nichts anderes übrig, als ohne Antrieb durch die Lüfte zu gleiten und für ihre Flugzeuge neue und ausgefallenere Konstruktionen zu entwerfen.

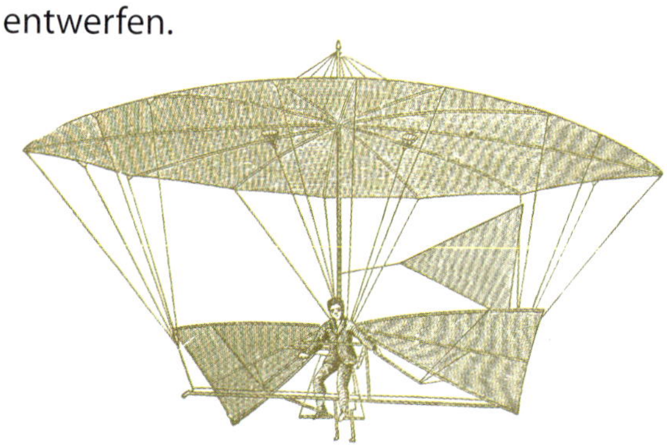

Der Doppeldecker der Brüder Wright

Fliegende Kisten erobern die Welt

Am Flughafen Bärstadt hat Peter noch etwas Zeit, bevor seine Maschine nach München abhebt. So bummelt er gemütlich durch den Terminal und entdeckt eine Ausstellung über die Anfänge der Fliegerei. „Was für eine aufregende Zeit!", denkt Peter angesichts der abenteuerlichen Fluggeräte auf den Bildern. „Ich wäre ja zu gerne dabei gewesen, als die ersten Piloten bei ihren Versuchen, ihre Kisten in die Luft zu kriegen, Kopf und Kragen riskierten!" In Gedanken reist Peter zurück in die Vergangenheit und landet in den Sanddünen in der Nähe des verschlafenen kleinen Nestes Kitty Hawk an der Ostküste der USA ...

Man schreibt den 17. Dezember 1903, ein kühler, grauer Donnerstag, an dem sich fünf Männer mit feierlichen Mienen in den Dünen einfinden. Zwei von ihnen, die beiden Brüder Wilbur und Orville Wright, haben etwas Fantastisches vor. Flyer I, ihr erstes Flugzeug mit Motorantrieb, soll zu seinem Jungfernflug starten. Die anderen drei Männer sind mitgekommen, um das aufregende Schauspiel zu bestaunen.

Endlich sind alle Vorbereitungen getroffen und das Flugzeug ist startklar. Nun wird gewürfelt, wer mitfliegen darf, denn Flyer I bietet nur für eine Person Platz. Orville gewinnt und nimmt, auf dem Bauch liegend, seinen Platz an der Steuerung ein. Er startet den Motor, der Propeller dreht sich und das Flugzeug holpert los. Wilbur muss nebenherlaufen, um die Maschine in der Spur zu halten. Da reckt der Doppeldecker die Nase in die Luft, die Räder verlieren den Bodenkontakt und Wilbur lässt los. Flyer I hat abgehoben! Der erste Motorflug hat begonnen. Die Sensation ist perfekt!

12 Sekunden später, nach 37 Metern Flug, setzt Flyer I wieder auf dem Boden auf. Die Brüder Wright haben einen Meilenstein in der Geschichte der Luftfahrt gesetzt!

„Die Wright'sche Flugmaschine"

Flugzeuge erobern die Welt

Danach ging die Entwicklung zügig voran. Bereits sechseinhalb Jahre später, im Sommer 1909, überquerte der Franzose Louis Blériot mit einem Propellerflugzeug den Ärmelkanal. Obwohl er sich unterwegs verirrte, landete er nach 37 Minuten Flug in Dover. Das waghalsige Unternehmen machte Blériot über Nacht berühmt und sorgte dafür, dass sich plötzlich eine breite Öffentlichkeit brennend für die Fliegerei interessierte.

Bald wurden in Europa und den USA zahlreiche Luftrennen veranstaltet. Die Sieger bekamen hohe Preisgelder und wurden zu bewunderten Stars.

Ende der Zwanziger Jahre wurden Flugzeuge erstmals für den Post- und Frachttransport eingesetzt. Wenig später wurden dann auch Passagierflüge angeboten, und Ende der 1930er Jahre richteten verschiedene Fluggesellschaften die erste Fluglinie über den Atlantik ein. Von nun an war die Luftfahrt aus der modernen Welt nicht mehr wegzudenken.

So sahen Passagierflugzeuge im Jahr 1957 aus.

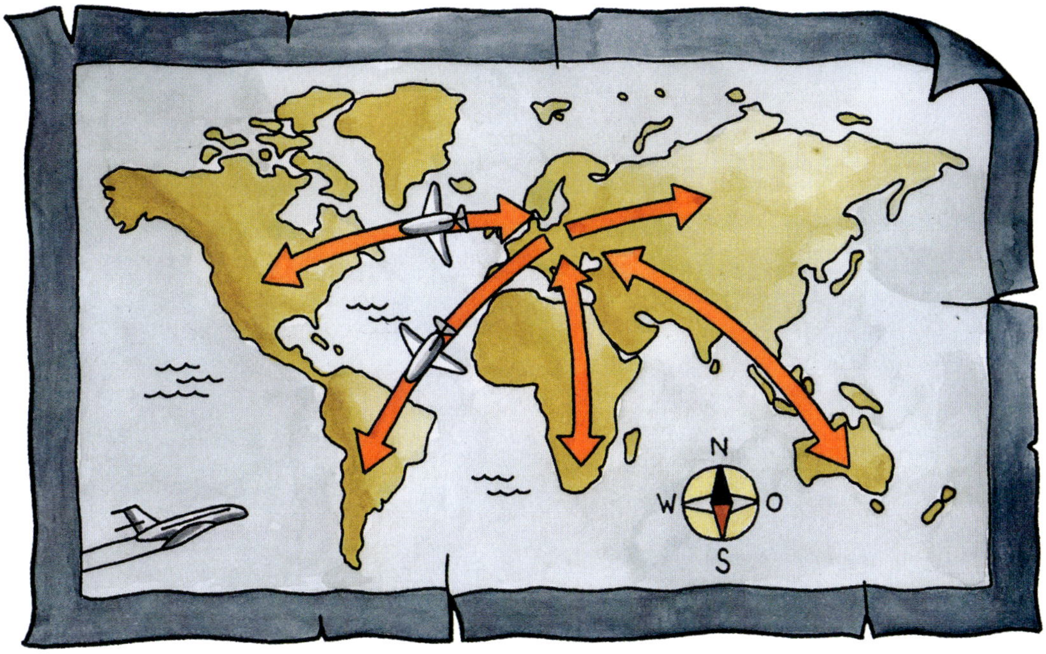

Der Linienflugverkehr erschließt die Welt.

Kleine Flugzeuge erreichen auch Orte, zu denen keine Straße führt (Antarktis) ...

Heute gibt es Propellerflugzeuge in allen Größen. Im Linienflugverkehr werden sie zwar kaum noch eingesetzt, aber als Transportmaschinen spielen sie weiterhin eine große Rolle. Und kleine Maschinen ersetzen – vor allem in großflächigen Ländern wie Australien, Kanada und den USA – auf weiten Strecken und in unwegsamem Gelände oft das Auto und den Lieferwagen.

... und ersetzen bei endlos weiten Entfernungen das Auto (Australien).

Auf kurzen Strecken fliegen auch heute noch Propellermaschinen (Flughafen Luxemburg).

Auf die Form kommt es an

Peter blickt hinaus auf das Vorfeld, wo einige Flugzeuge abgestellt sind.
„Wie ist es nur möglich, dass diese Dinger fliegen können?", fragt er sich halblaut. Ein Mann in der dunkelblauen Uniform eines Bordingenieurs fühlt sich angesprochen.
„Wollen Sie das wirklich wissen?"
„Ja, wenn Sie es mir erklären können", freut sich Peter. „Ich meine, bei Luftschiffen und Ballons ist das ja einleuchtend. Ihre Füllung aus Gas oder heißer Luft macht sie leichter als die Luft der Umgebung. Sie schwimmen praktisch auf den Schichten schwererer Luft wie Korken auf dem Wasser. Aber Flugzeuge ..."
„... sind viel schwerer als Luft. Da haben Sie Recht", meint der Ingenieur. „Ein voll beladener Jumbojet bringt 340 Tonnen auf die Waage, also etwa so viel wie 50 ausgewachsene Elefanten!"
„Eben", entgegnet Peter. „Und Elefanten können bekanntlich nicht fliegen. Wieso fliegen dann Flugzeuge?"
Der Mann in Uniform grinst:
„Auf die Form kommt es an."

So strömt die Luft an der Tragfläche vorbei: oben schneller, unten langsamer.

Der Schweizer Physiker und Mathematiker Daniel Bernoulli hat schon vor über 250 Jahren eine interessante Entdeckung gemacht: Wenn Luft oder Wasser schneller strömen, sinkt der Druck, den sie auf ihre Umgebung ausüben. Je schneller sie strömen, umso mehr nimmt der Druck ab. Und genau das wird beim Flugzeug ausgenutzt. Die Tragflächen des Flugzeugs sind nach oben gewölbt. Wenn das Flugzeug nun anfährt, beginnt die Luft um die Tragflächen zu strömen. Auf der Oberseite der Flügel muss sie einen längeren Weg zurücklegen, da die Flügel ja gewölbt sind. Hier strömt die Luft schneller als auf der Unterseite der Flügel. Nach Bernoulli übt die Luft also auf die Oberseite der Flügel einen kleineren Druck als auf die Unterseite aus. Oder anders gesagt: Durch den größeren Druck auf die Unterseite der Flügel wird das Flugzeug nach oben gedrückt.

Dieser Druck muss sehr groß sein, um ein ganzes Flugzeug heben zu können! Jedes Flugzeug muss auf der Startbahn „Anlauf nehmen", damit die Geschwindigkeit der Luft, die um die Tragflächen strömt, so hoch wird, dass das Flugzeug abhebt.

Daniel Bernoulli, Physiker und Mathematiker

Der Bernoulli-Effekt

Du kannst den Bernoulli-Effekt ganz leicht nachspielen! Nimm dir einfach einen kurzen Streifen Papier und halte ihn an einer Seite fest. Die andere Seite hängt nun in einem leichten Bogen herunter. Nun pustest du über die Oberfläche des Streifens. Na, was passiert?

Genau. Die Geschwindigkeit der Luft ist über dem Papierstreifen viel größer als darunter, und so ist hier auch der Druck geringer. Der größere Druck unterhalb des Streifens drückt das Papier nach oben.

Geht das nicht schneller?

Verkehrsflugzeug mit Düsenantrieb

Vielen Menschen geht es nie schnell genug. Kaum hatte man sich an den Komfort des schnellen neuen Verkehrsmittels Flugzeug gewöhnt, da wurde auch schon die Forderung nach noch schnelleren Fliegern laut. Weil Propellerflugzeuge bei etwa 500 km/h ihre Höchstgeschwindigkeit erreichen, überlegten die Konstrukteure und entwickelten etwas Neues: das Strahltriebwerk. 1939 startete das erste Düsenflugzeug mit solch einem Triebwerk, die Heinkel He 178. Die kleine, zu Versuchszwecken gebaute Maschine bot nur dem Piloten Platz und konnte sich lediglich 8 Minuten lang in der Luft halten. Doch immerhin erreichte sie eine Geschwindigkeit von 700 Stundenkilometern und ließ damit alle Propellerflugzeuge weit hinter sich.

Heinkel He 178 – das erste Flugzeug mit Strahltriebwerk

Bis Düsentriebwerke auch im zivilen Luftverkehr eingesetzt wurden, vergingen trotzdem noch über 20 Jahre. 1957 ging die US-amerikanische Boeing 707 an den Start und fand bei Fluggesellschaften rings um den Globus reißenden Absatz. Eine neue Ära der Luftfahrt hatte begonnen.

Heute fliegen moderne Passagierjets fast jede große Stadt der Welt an.

Ab dem Jahr 2006 geht mit dem Airbus A380 das größte je gebaute Passagierflugzeug an den Start, das auf 2 Etagen 555 Passagieren Platz bietet.

Das größte Passagierflugzeug der Welt: der Airbus A380

Vorwärts durch Rückstoß

Endlich darf Peter einsteigen. Während er mit dem Ticket in der Hand in der Schlange wartet, hat er einen guten Blick auf die Triebwerke des Jets.
„Sind das Düsentriebwerke?", fragt er den Ingenieur, der hinter ihm steht.
„Ja, man nennt sie auch Strahltriebwerke", antwortet der. „Sie funktionieren nach dem Rückstoßprinzip. Am hinteren Ende des Triebwerks strömt Gas mit hohem Druck aus. Dadurch wird das Flugzeug mit einer Kraft vorangetrieben, die der Höhe des Drucks entspricht."
„Dieses Rückstoßprinzip habe ich schon als Kind entdeckt", fällt Peter ein. „Und zwar mit Luftballons. Was macht ein aufgeblasener Luftballon, wenn man ihn loslässt? Er saust durch die Luft. Die gespannte Ballonwand presst die Luft hinten mit Druck aus der Tülle heraus, und der Rückstoß macht, dass der Ballon gleichzeitig nach vorn gedrückt wird. Er fliegt, und zwar so lange, bis alle Luft daraus entwichen ist."

Der Rückstoß, den ein Luftballon erzeugt, reicht natürlich bei weitem nicht aus, um ein Flugzeug anzutreiben. Stattdessen werden bei Flugzeugen Strahltriebwerke benutzt. Diese Triebwerke saugen am vorderen Ende Luft an, die von einem Kompressor zusammengepresst und in eine Brennkammer geleitet wird. Dort wird Kerosin, also Flugzeugbenzin, dazugespritzt und entzündet. So entsteht ein heißes Gas mit hohem Druck, das teils über einen Schaufelring den Kompressor antreibt, teils am hinteren Ende des Triebwerks ausströmt und für den Rückstoß sorgt.

Bewegungsrichtung des Flugzeugs

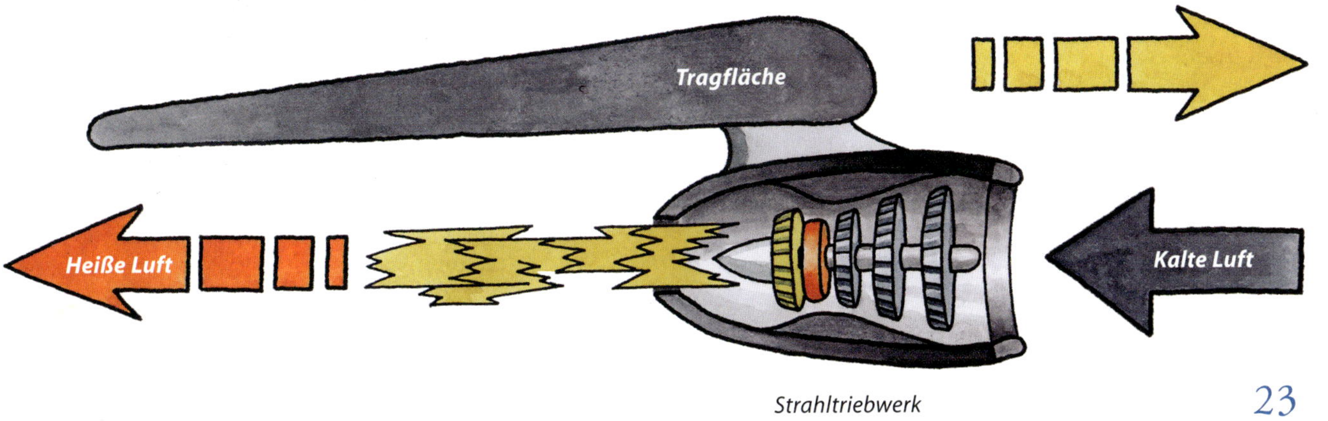

Strahltriebwerk

Besuch im Cockpit

Gleich nach dem Start hat Peter Gelegenheit, durch das Fenster das versprochene Foto zu machen. Zufrieden steckt er die Kamera wieder weg.

„Ich würde ja zu gerne mal einen Blick ins Cockpit werfen“, sagt Peter zur Flugbegleiterin, als sie ihm das Essen bringt. Sie lächelt verschmitzt: „Ich werde mal sehen, was sich da machen lässt.“

Als sie kurz darauf wiederkommt, um das Tablett abzuholen, beugt sie sich zu Peter hinab und flüstert ihm ins Ohr: „Sie haben Glück. Sobald der Film beginnt, erwartet der Käpt'n Sie. Aber sagen Sie das nicht weiter. Wenn jeder ins Cockpit wollte, würde es ein bisschen eng darin.“

Während die anderen Passagiere gebannt den Actionfilm verfolgen, geht Peter unauffällig zum Cockpit, klopft leise an und schlüpft hinein. „Du liebe Güte, hier gibt's aber 'ne Menge Knöpfe und Hebel!“, staunt er, während er sich umsieht.

„Kaum zu glauben, dass Sie da immer auf den richtigen drücken.“

„Alles halb so wild“, sagt der Pilot und grinst. „Ich könnte die Maschine im Schlaf fliegen! Außerdem habe ich zwei Kollegen, die mir helfen: meinen Kopiloten und einen schlauen Computer.“

Ein gigantischer Anblick, der sich Peter hier bietet: das Cockpit einer Boeing 747-400

Das Cockpit

Das Cockpit, auch Pilotenkanzel genannt, ist der Arbeitsplatz des Piloten und des Kopiloten. Von hier aus wird das Flugzeug gesteuert. Deshalb wimmelt es im Cockpit nur so von Knöpfen, Hebeln, Schaltern, Lämpchen und Anzeigeinstrumenten.

Damit die beiden Flugzeugführer die Technik jederzeit beherrschen und in kritischen Situationen richtig reagieren, werden sie auch nach ihrer Ausbildung regelmäßig trainiert.

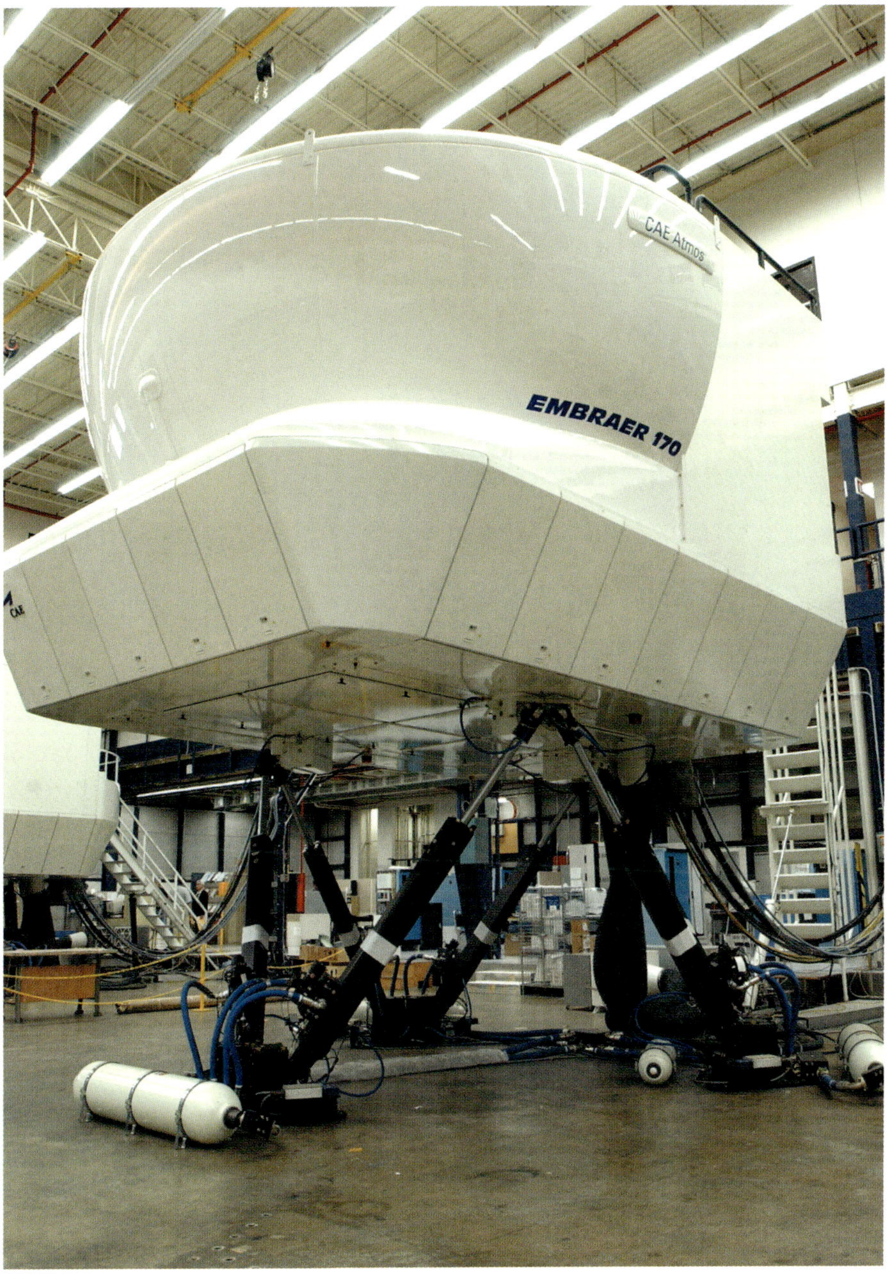

So sieht ein Flugsimulator von außen aus.

Der Flugsimulator

Es ist gar nicht so einfach, einen richtigen Jet gut zu fliegen! Bevor ein Pilot das zum ersten Mal macht, hat er in einem besonderen Trainingsgerät dafür geübt, nämlich in einem Flugsimulator.

In einem Flugsimulator steckt ein Cockpit, in dem die verschiedensten Flugbedingungen nachgestellt werden können. So kann ein angehender Pilot „starten", „fliegen" und „landen", ohne abheben zu müssen. Es gibt sogar Unternehmen, bei denen auch Nicht-Piloten, die am Fliegen interessiert sind, in so ein Cockpit klettern und „fliegen" dürfen! Ein faszinierendes Erlebnis, das allerdings ziemlich teuer ist.

Berufswunsch Pilot

Das Wochenende war für Peter ein voller Erfolg. Tante Hildes 95ster Geburtstag war ein rauschendes Fest, auf dem Hinflug konnte Peter das Luftbild für den Nachbarn aufnehmen und der Besuch im Cockpit hat ihn schwer beeindruckt.

„Das ist ein Arbeitsplatz, der mir auch gefallen könnte", meint er. „Vielleicht sollte ich Pilot werden. So schwer kann das doch nicht sein: starten – den Autopiloten anschalten – aus dem Fenster gucken – landen. Und was man da alles zu sehen bekommt! Jeden Tag ein anderes Land: heute die Kanarischen Inseln, morgen Kanada und nächste Woche geht es vielleicht nach Japan!"

Noch in München hat sich Peter daher die Bewerbungsunterlagen für die Pilotenlaufbahn besorgt. Nun, auf dem Rückflug, liest er sie sich durch.

„Ein Pilot muss rundherum gesund sein", steht da. „Er muss rasch reagieren können, absolut zuverlässig sein und gerne mit Technik umgehen."

„Trifft alles auf mich zu", stellt Peter aufgeregt fest. Er sieht sich schon hoch über den Wolken als stolzer Kapitän im Cockpit sitzen. Doch dann zerplatzt sein Traum wie eine Seifenblase.

„Der Bewerber darf höchstens 25 Jahre alt sein", verkündet die Broschüre.

„Tja, dann soll's wohl nicht sein", sagt sich Peter. „Aber vielleicht ist es ja auch gut so? Wer will denn schon jeden Tag fliegen müssen?"

So wird man Berufspilot

Am Anfang steht eine zweijährige Ausbildung in einer Verkehrsfliegerschule. Auf dem Stundenplan stehen Fächer wie Aerodynamik, Navigation und Meteorologie (Wetterkunde). Während der Ausbildung wird nicht nur viel Theoretisches gebüffelt, sondern natürlich auch geflogen. Über 300 Flugstunden in Flugzeugen unterschiedlicher Größe hat ein angehender Pilot bereits hinter sich, wenn er sich zur Prüfung anmeldet.

Berufe in der Luftfahrt

In der Luftfahrt sind unzählige Menschen in den verschiedensten Berufen beschäftigt. Sie versorgen Passagiere und Angestellte mit Speisen und Getränken, kümmern sich ums Gepäck, verkaufen und kontrollieren Tickets, buchen Flüge, machen sauber, betanken die Flieger, weisen Flugzeuge ein und vieles mehr.

Alleine auf Deutschlands größtem Flughafen, Frankfurt am Main, arbeiten etwa 13 000 Menschen und sorgen rund um die Uhr dafür, dass alles richtig klappt.

Flugbegleiter

Die Flugbegleiter, früher Stewardessen und Stewards genannt, sind den Passagieren beim Ein- und Aussteigen behilflich. Sie servieren Speisen und Getränke und sorgen während des Fluges dafür, dass sich alle an Bord wohl fühlen. Ganz besonders aufmerksam kümmern sie sich um allein fliegende Kinder.

Pilot und Kopilot

Der Pilot und der Kopilot wechseln sich während des Fluges mit den verschiedenen Aufgaben ab. Während einer der beiden fliegt, ist der andere für den Funk, die Navigation und die Überwachung der technischen Systeme zuständig.

Alles im Blick: Fluglotsen im Tower

Fluglotsen

Die Fluglotsen bekommt man als Passagier zwar nie zu Gesicht, aber sie erfüllen eine wichtige Aufgabe. Sie sitzen im Tower des Flughafens, überwachen auf Radarschirmen die Flugzeuge in einem bestimmten Umkreis und sorgen dafür, dass der Flugverkehr reibungslos verläuft. Dazu stehen sie mit den Piloten am Himmel und auf dem Boden per Funk in ständiger Verbindung.

In der Business-Class werden die Gäste verwöhnt.

Rund um den Flughafen

Am Ende seiner Reise erlebt Peter eine bsöse Überraschung: Sein Koffer ist weg! Nachdem er vergeblich am Gepäckband gewartet hat, wendet sich Peter an den Schalter mit dem Schild „Gepäckermittlung“. „Mein Koffer ist nicht angekommen“, sagt er zu der Dame am Schalter. „Er ist gelb und ungefähr so groß.“ Er zeigt die Größe mit den Händen. „Das kann schon mal vorkommen“, meint die Dame. „Haben Sie eine Ahnung, wie viele Gepäckstücke hier täglich durchgehen?“ „Nein.“ Peter schüttelt den Kopf. „Aber ...“ „Das dachte ich mir“, schneidet die Dame ihm das Wort ab. „Es sind ein paar Hunderttausend. Pro Tag! Da kann schon mal was verschwinden.“ Sie lässt Peter einen Zettel mit seiner Adresse und einer Beschreibung des verlorenen Gepäcks ausfüllen. „Und wo steckt mein Koffer nun?“, fragt er, als er damit fertig ist. „Im schlimmsten Fall ist er in der falschen Maschine gelandet. Vielleicht hat er sich aber auch hier auf dem Flughafen verkrochen. Wir melden uns, sobald wir ihn gefunden haben.“ Und schon ist sie weg. „Na, während die suchen, kann ich mich ja selbst ein bisschen umsehen“, denkt Peter und macht sich auf den Weg durch die Flughafengebäude.

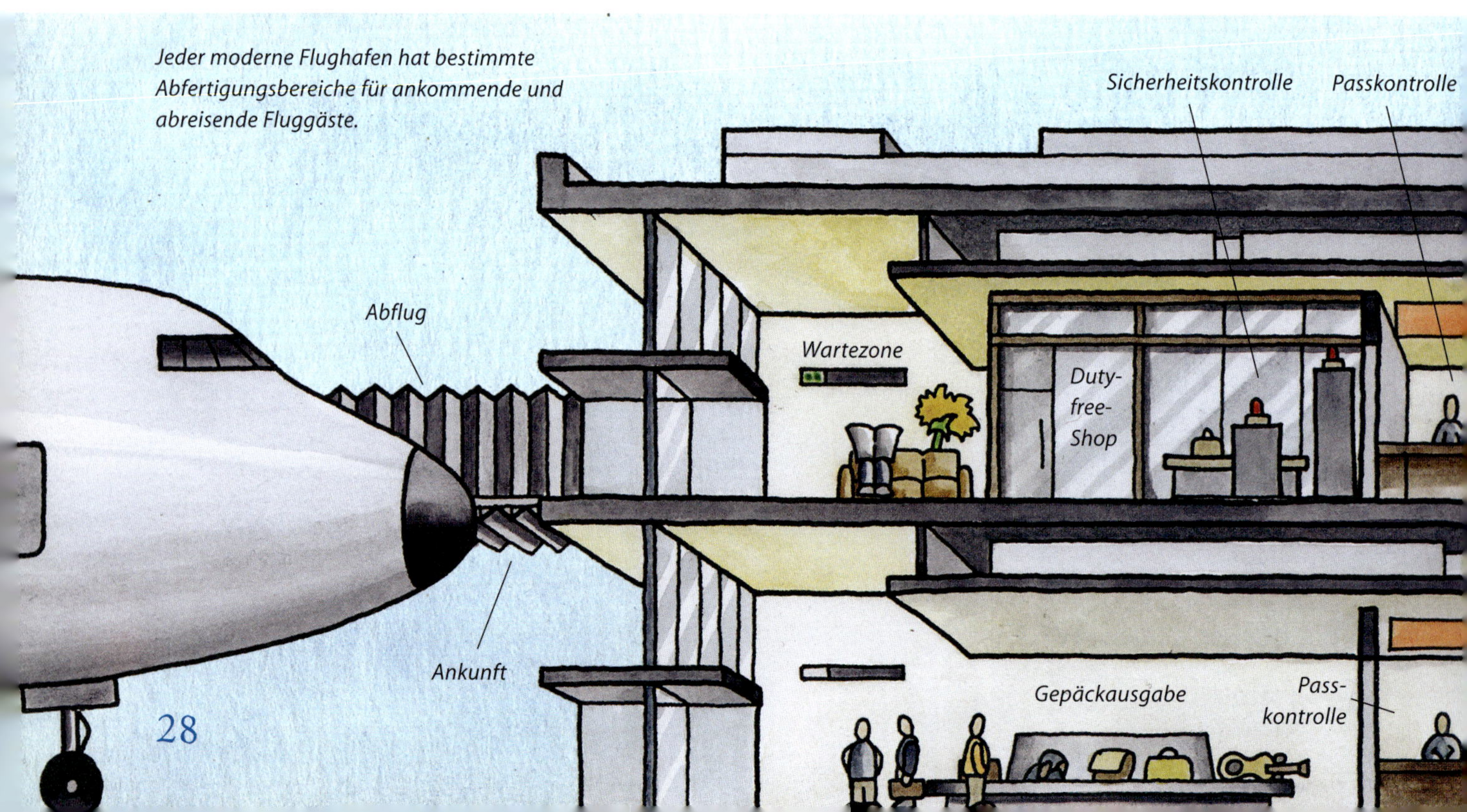

Jeder moderne Flughafen hat bestimmte Abfertigungsbereiche für ankommende und abreisende Fluggäste.

Abfertigung

Bevor die Reise losgeht, wird eingecheckt. Die Passagiere zeigen am Check-in-Schalter ihr Ticket vor, erhalten eine Platzkarte und geben ihr Gepäck auf.

Sicherheitskontrolle

Ist das Gepäck aufgegeben, folgt der Sicherheits-Check. Haben die Fluggäste auch keine Waffen dabei? Das Handgepäck wird durchleuchtet, und Metalldetektoren spüren versteckte Dinge unter der Kleidung auf.

Passkontrolle

Bei Auslandsflügen führt der Weg zum Flugzeug immer durch die Passkontrolle. Hier werden die Ausweise der Passagiere überprüft. Sowohl Einheimische als auch Reisende, die aus dem Ausland kommen, müssen durch die Passkontrolle.

Wartezonen

Nach der Sicherheitskontrolle bleibt meist viel Zeit bis zum Abflug. Auf großen Flughäfen laden Läden zum Bummeln ein. Kleinere Flughäfen haben nur Wartezonen mit Sitzgelegenheiten zu bieten.

Essen und Trinken

Wer lange auf seinen Abflug warten muss und zwischendurch Hunger bekommt, freut sich darüber, dass es auf den meisten Flughäfen auch Restaurants gibt.

Gepäckförderanlage

Hinter den Kulissen und für die Passagiere unsichtbar, transportiert ein vollautomatisches Förderband Koffer und Taschen zu Flugzeugen und Ausgabestellen.

Rollbahnen

Weil große Verkehrsflugzeuge zum Starten viel Anlauf nehmen müssen und beim Landen einen langen Bremsweg haben, erstrecken sich die Rollbahnen oft über viele Kilometer.

Vorfeld

Zwischen den Flügen werden die Flugzeuge ent- und beladen, gereinigt und betankt. All das muss sehr schnell gehen, weil auf dem so genannten Vorfeld des Flughafens jede Minute Geld kostet.

Flugzeugschlepper

Da Triebwerke von Düsenflugzeugen nicht in der Nähe von Gebäuden gestartet werden dürfen, können sich die Flugzeuge auf dem Vorfeld nicht aus eigener Kraft bewegen. Deshalb werden sie von kleinen, kräftigen Spezialfahrzeugen zur Startbahn geschleppt.

Wartung

Weil es in der Luft natürlich keine Standstreifen gibt, dürfen Flugzeuge unterwegs keine Pannen haben. Deshalb werden die Maschinen in riesigen Hallen regelmäßig gründlich überprüft, gewartet und, wenn nötig, repariert.

Feuerwehr

Selbstverständlich ist es allen am liebsten, wenn sie nie zum Einsatz kommt. Für den Fall, dass aber doch einmal etwas passiert, ist es beruhigend zu wissen, dass an jedem Flughafen eine einsatzbereite Feuerwehreinheit steht.

Deutschlands größter Flughafen in Frankfurt am Main

Schneller als der Schall

Peter sitzt im Bauwagen und packt seinen Koffer aus. Der war nämlich nicht wie befürchtet in Moskau oder London gelandet; er fuhr nur stundenlang auf einem anderen Gepäckband einsam Karussell. „Na ja, Ende gut – alles gut", sagt Peter versöhnlich. Da zerreißt plötzlich ein ohrenbetäubender Knall die Luft. Erschrocken lässt Peter seine Sonntagslatzhose fallen. „Was war denn das?" Er tritt vor die Tür und schaut sich um. Da kommt auch schon Nachbar Paschulke angelaufen. „Herr Lustig! Haben Sie das auch gehört?", ruft er atemlos. „Klar", antwortet Peter, dem noch die Ohren dröhnen. „Ich bin doch nicht taub." „Meine Güte, da muss was in die Luft geflogen sein!", meint Paschulke und sieht sich um,

ob nicht irgendwo eine Rauchwolke aufsteigt. „Bloß keine Panik, Herr Paschulke", beruhigt Peter seinen Nachbarn. „Ich glaube, das war keine Explosion. Da hat ein Flugzeug die Schallmauer durchbrochen." „Was, eine Mauer durchbrochen?" Der Nachbar guckt entsetzt. „Also doch ein Unfall!" „Die Schallmauer", wiederholt Peter beharrlich. „Passen Sie auf. Ich erklär's Ihnen."

Was ist Schall?

Wenn man einen Stein ins Wasser wirft, entstehen rings um die Stelle, an der er ins Wasser gefallen ist, Wellen, weil das Wasser beim Aufprall zusammengepresst wird. Etwas Ähnliches passiert immer dann, wenn ein Geräusch erzeugt wird. Beim Sprechen zum Beispiel üben die Stimmbänder Druck auf die umliegende Luft aus und bringen sie so zum Schwingen. Es entstehen Schallwellen, die allgemeiner auch Druckwellen genannt werden können.

Schallgeschwindigkeit

In der Luft breiten sich Schallwellen mit einer Geschwindigkeit von etwa 1.230 km/h aus. Auch ein Flugzeug sendet Schallwellen aus – schließlich sind seine Triebwerke und Motoren sehr laut. Fliegt das Flugzeug nun langsamer als der Schall, bewegt es sich innerhalb seiner eigenen Schallwellen. Erreicht es jedoch die Schallgeschwindigkeit, sind das Flugzeug und die von ihm erzeugten Druckwellen gleich schnell. Dabei verdichten sich alle Druckwellen zu einer einzigen dichten Schockwelle, die bildhaft „Schallmauer" genannt wird.

Schallmauer

Natürlich kann man die Schallmauer nicht sehen. Aber man kann es hören, wenn sie von dem Flugzeug, das nun schneller als der Schall fliegt, „durchbrochen" wird. Das knallt wie ein lauter Donnerschlag.

Weil die Schockwelle eine gewisse Zeit braucht, bis sie das Ohr erreicht, befindet sich das Flugzeug nie an der Stelle, wo man es aufgrund des Knalls vermutet. Es ist längst – mit Überschallgeschwindigkeit – weitergeflogen.

Wie eine unsichtbare Wand: die Schallmauer

Der Überschallknall

Der laute Knall, der zu hören ist, wenn ein Flugzeug die Schallmauer durchbricht, wird Überschallknall genannt. Er entsteht genauso wie auch der Knall einer Explosion oder der Donner bei einem Gewitter: Luft wird sehr rasch kräftig zusammengepresst, und die entstehende Schockwelle macht sich mit einem Knall bemerkbar.

Einen kleinen Überschallknall kannst du selbst produzieren. Nimm dazu eine Papiertüte, blase sie auf, halte sie zu und schlage fest mit der Hand darauf, so dass sie platzt.

Schnell, schneller, am schnellsten!

Während die Passagiere im zivilen Luftverkehr noch sehr gemütlich mit Propellermaschinen von hier nach dort geschaukelt wurden und von schnellen Jets nur träumen konnten, waren dem Militär die Düsenflieger schon wieder zu langsam. Und so wurde weiter geplant und konstruiert, bis 1947 der Testpilot Charles (Chuck) Yeager mit einer kleinen, einsitzigen Maschine einen Rekord aufstellte. Er durchbrach als Erster die Schallmauer!

Damit das gewagte Unternehmen überhaupt stattfinden konnte, wurde kräftig getrickst. Ein großes Flugzeug trug das kleine in die Höhe und warf es ab. Erst dann wurde das Raketentriebwerk der Bell X-1 gestartet. Der Versuch glückte und Chuck Yeager wurde mit Überschallgeschwindigkeit zum gefeierten Helden.

Chuck Yeager und sein schneller Flieger, die Bell X-1

Auffallende Ähnlichkeit: die sowjetische Tupolev TU-144 und ...

Tupolev TU-144

Bis sich auch die zivile Luftfahrt die Welt hinter der Schallmauer erschloss, vergingen gut 20 Jahre. Und diesmal hatte die Sowjetunion die Nase vorn. Am 31. Dezember 1968 startete die Tupolev TU-144 als erstes ziviles Überschallflugzeug zu ihrem erfolgreichen Jungfernflug.

Concorde

Zwei Monate später, am 2. März 1969, absolvierte das zweite Überschallflugzeug seinen Jungfernflug. Die Concorde, die der TU-144 verblüffend ähnlich sah, war ein französisch-britisches Gemeinschaftsprojekt.

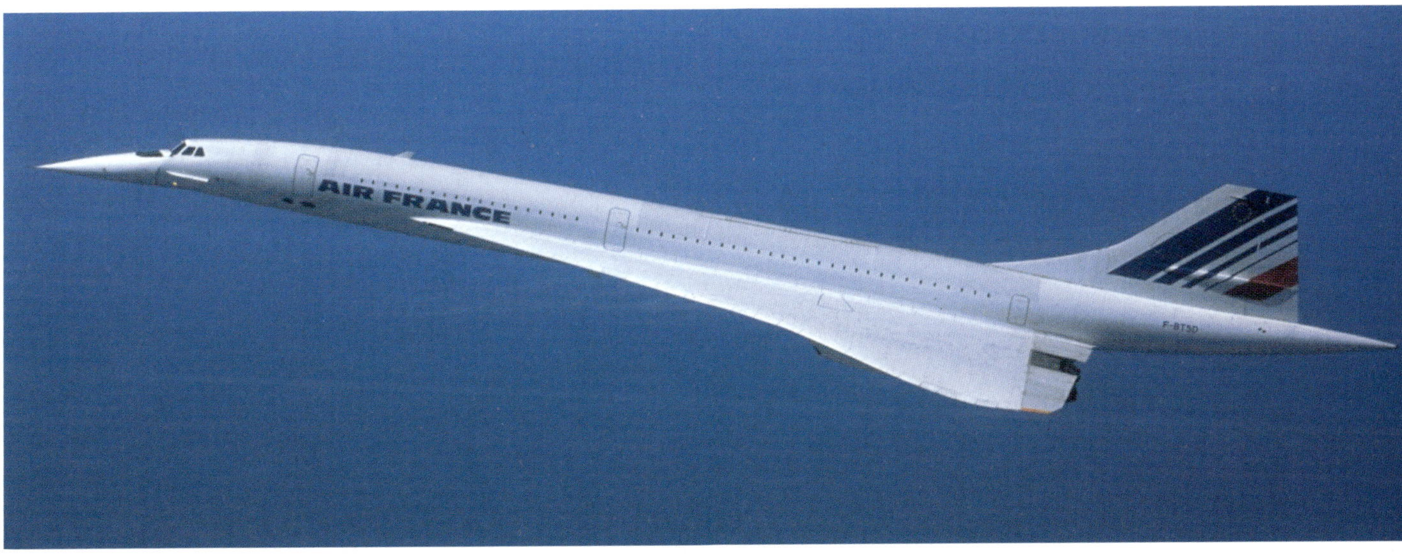

... die Concorde

Abgehoben: die Concorde

Schnell, aber teuer

Die Russen merkten es ziemlich schnell: Der Überschallverkehr lohnt sich nicht, weil die Kosten gigantisch sind. So wurde die TU-144 schon bald wieder aus dem Verkehr gezogen.

Die französisch-britische Kooperation ließ sich von den Kosten jedoch nicht abschrecken. Nach 20 Jahren Entwicklungszeit war es 1976 so weit: Die Concorde wurde im Linienflug eingesetzt. Nun konnte jeder, der es sich leisten konnte und wollte, in knapp vier Stunden von Paris und London aus nach New York fliegen.

Reisegeschwindigkeit: Mach 2

Die Überschallgeschwindigkeit misst man in Mach. Bei Mach 1 wird die Schallmauer durchbrochen. Den monströsen Knall dabei hörten die Passagiere übrigens nicht – sie reisten ja mit dem Schall.

Aber die Flugkabine war eng und unbequem, und die Ticketpreise waren gesalzen. Kein Wunder, dass nicht allzu viele Menschen den rasanten Flug über den Atlantik buchten. So waren es hauptsächlich Geschäftsleute, Schauspieler, Fotomodelle und Popstars, die mit 2 000 km/h von Europa nach Amerika und zurück düsten – Leute, für die Geld keine Rolle spielt und für die ein Concorde-Flug zum guten Ton gehörte.

Endstation Museum

Alles dicht gedrängt: die Concorde von innen

Laut und wenig umweltfreundlich

Aber es gab noch andere Gründe dafür, dass die Concorde nur sehr eingeschränkt zum Einsatz kam. Zum einen war sie schrecklich laut. Deswegen durfte sie auch nur über dem Meer mit Überschallgeschwindigkeit fliegen. Zum anderen verbrauchte sie Unmengen an Sprit und wurde deshalb von Experten als sehr umweltschädlich angesehen.

Vor allem wegen des Lärms erhielt sie nur auf vier Flughäfen Landegenehmigungen: London, Paris, New York und Washington. Mangels Nachfrage wurde die Produktion der Concorde bereits nach 20 Maschinen eingestellt.

Das Ende

Heute sind Überschallflüge im Linienverkehr Vergangenheit. Im Juli 2000 explodierte eine Concorde kurz nach dem Start in Paris. 113 Menschen kamen bei der Katastrophe ums Leben, und die Concorde wurde erst einmal für den Luftverkehr gesperrt.

Als sie Ende 2001 wieder zugelassen wurde, war ihr guter Ruf dahin und die Passagiere blieben aus. 2003 stellten Air France und British Airways die Concorde-Flüge endgültig ein, und die technischen Wunderwerke wanderten in Museen. Im Technikmuseum in Sinsheim ist eine zu sehen.

In die Luft geschraubt

„Haben Sie denn jetzt meine Luftbildaufnahme?“, fragt Paschulke hoffnungsvoll. „Ja, ich hab das Bild geschossen“, beruhigt ihn Peter, „aus dem Flugzeug. Jetzt muss es nur noch entwickelt werden.“

„Na fein, dann komm ich morgen wieder“, sagt der Nachbar und geht. Am Gartenzaun fällt ihm noch ein: „Sie haben doch mal gesagt, die Flügel haben die Erfinder des Flugzeugs den Vögeln abgeschaut?" Peter nickt. „Tja, da war die Natur mal wieder Vorbild für den menschlichen Erfindergeist.“ „Aber wie ist das denn mit dem Hubschrauber? Wer hat denn den erfunden? Mit Vögeln hat der ja wohl nichts zu tun.“

Da ist Peter überfragt. Er kann nur mit den Schultern zucken und beschließt insgeheim, sich schlau zu machen. In einem Lexikon wird er fündig und staunt nicht schlecht. „Die Idee ist ja schon über 500 Jahre alt! Und sie stammt von Leonardo da Vinci.“

Eine Idee aus der Renaissance

Es war irgendwann im 15. Jahrhundert, als der berühmte italienische Künstler und Erfinder Leonardo da Vinci erste Pläne für ein Fluggerät entwarf, das sich mit Hilfe einer riesigen schraubenförmigen Vorrichtung in die Luft erheben sollte. Weil Motoren noch nicht erfunden waren, sollte da Vincis „Luftschraube“ mit menschlicher Muskelkraft betrieben werden. Das konnte allerdings nicht klappen, denn die Maschine samt Passagier war dafür viel zu schwer.

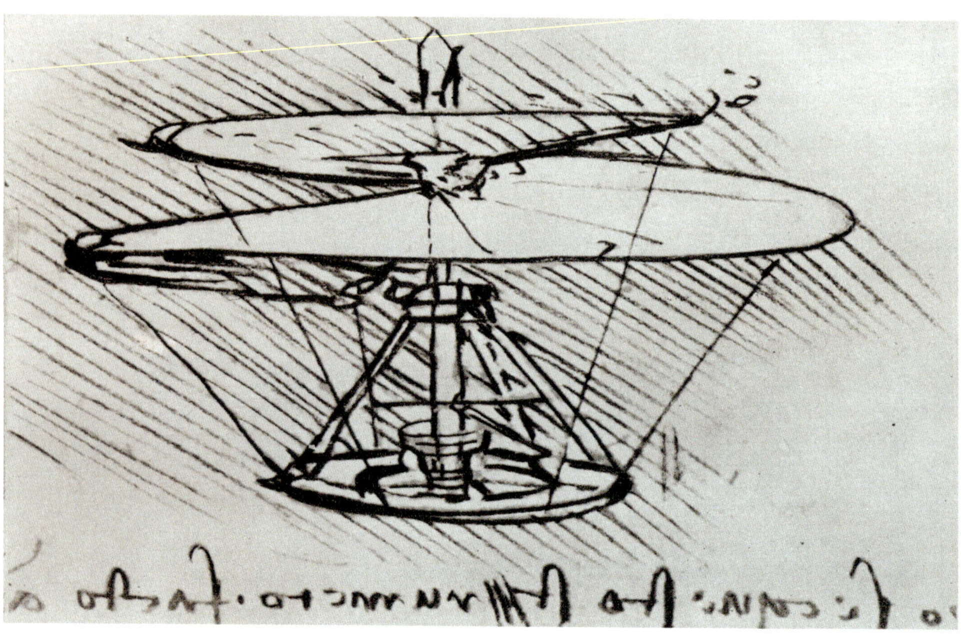

Leonardos „Luftschraube“

Senkrecht-starter

Sah merkwürdig aus: der erste Hubschrauber, „Focke-Wulf FW-61"

Im Vergleich zu Flugzeugen haben Hubschrauber große Vorteile: Sie können senkrecht starten und landen und brauchen deshalb keine Start- und Landebahnen.
Außerdem sind Helikopter, wie Hubschrauber auch genannt werden, äußerst wendig und können in der Luft sogar auf der Stelle stehen bleiben.
Hubschrauber haben keine Tragflächen. Stattdessen hängen sie an einem großen Rotor, der aus mehreren schmalen verstellbaren Flügelblättern besteht.
Mit diesem Rotor, der sich wie ein Propeller dreht, schraubt sich der Hubschrauber in die Luft.
An seinem hinteren Ende ist ein senkrechter Rotor angebracht. Der ist zwar klein, aber sehr wichtig. Gäbe es ihn nicht, würde sich die Flugmaschine um die eigene Achse drehen.

Hubschrauber gestern

Im Laufe der nächsten Jahrhunderte wurde Leonardo da Vincis Idee vom Fluggerät, das sich in die Luft schrauben kann, immer wieder aufgegriffen, doch alle Anstrengungen, ein solches Gerät zu bauen, blieben erfolglos. Erst lange nachdem das Genie seine Idee zu Papier gebracht hatte, wurde der Traum Wirklichkeit. In den 30er Jahren des vergangenen Jahrhunderts entwickelten deutsche Ingenieure den ersten Hubschrauber, der tatsächlich fliegen konnte.

Hubschrauber heute

Weil Hubschrauber so wendig sind und fast überall starten und landen können, werden sie häufig benutzt, um Menschen aus gefährlichen Situationen zu retten. Ihr Einsatz hat schon vielen abgestürzten Bergsteigern, Opfern von Autounfällen und Schiffbrüchigen das Leben gerettet.

Flughafentaxi

Sogar als fliegende Taxis werden Helikopter eingesetzt. Wer auf dem New Yorker Flughafen ankommt und es eilig hat, kann sich von einem „Lufttaxi" in die Stadt bringen lassen. Auf den Dächern einiger Wolkenkratzer gibt es extra für Hubschrauber Landeplätze. Die Polizei verwendet diese praktischen Flugmaschinen, um den Straßenverkehr aus der Luft zu überwachen oder um vermisste Menschen aufzuspüren.

Rettung im Gebirge

Natürlich dienen Hubschrauber auch als Transportmittel, besonders dann, wenn Dinge in nur schwer erreichbares Gelände gebracht werden müssen, wo kein Lastwagen hinkommt.
So schnell wie Düsenflugzeuge sind Hubschrauber allerdings nicht. Je nach Typ erreichen sie eine Geschwindigkeit von 200 – 400 Stundenkilometern. Aber weil sie direkt von einem Ort zum anderen fliegen können und nie im Stau stecken, sind sie Autos in jedem Fall überlegen.

Löscheinsatz der Feuerwehr

Peters Hubschrauber

„Der Hubschrauber hat doch ein Vorbild in der Natur“, ruft Peter seinem Nachbarn über den Gartenzaun hinweg zu.
„So, und was wäre das?“, will Paschulke wissen, während er neugierig näher kommt.
„Sehen Sie's nicht?“, fragt Peter und zeigt auf die Wiese.
„Die Samen des Ahornbaums – lauter kleine Hubschrauber!“
„Hubschrauber?“ Paschulke sieht sich suchend um. „Ich seh' nur schmale Blättchen.“
Da nimmt Peter ein Blatt Papier, bastelt daraus im Handumdrehen einen Hubschrauber und wirft ihn hoch in die Luft. Die Rotorblätter beginnen zu wirbeln, und der Hubschrauber schwebt langsam zur Erde.

Du benötigst:

- *1 Blatt Papier*
- *Lineal*
- *Schere*
- *1 Büroklammer*

So wird's gemacht:

Übertrage die Vorlage mit den angegebenen Maßen auf ein Blatt Papier und schneide sie aus. Die durchgezogenen schwarzen Linien schneidest du ein und faltest die Form dann wie es die Zeichnung zeigt zum Hubschrauber. Zum Schluss heftest du die nach innen geklappten Laschen mit der Büroklammer zusammen. Wenn du willst, kannst du den Hubschrauber vor seinem Start bunt anmalen.

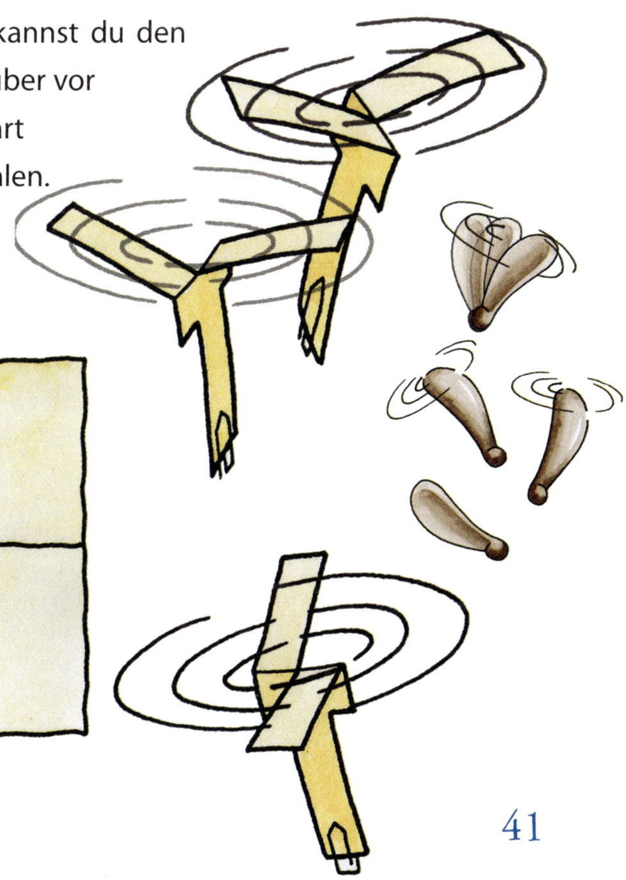

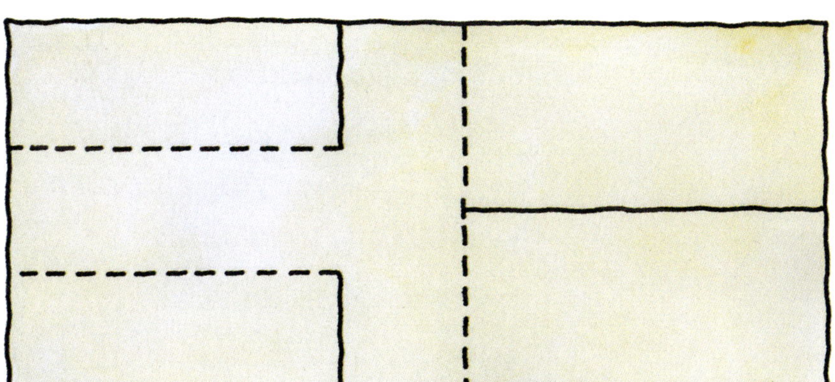

Peter fällt aus allen Wolken

„Schnell, hängen Sie sich den um", sagt der Pilot plötzlich zu Peter und drückt ihm ein unförmiges Bündel in die Hand.
„Was ist das?", will Peter wissen. „Und wozu ...?"
„Das ist ein Fallschirm", schnauzt der Pilot ihn ungeduldig an. „Und ohne den wollen Sie sicher nicht abspringen!"
„Abspringen? Wieso ...?" Peter versteht kein Wort.
„Schau'n Sie mal aus dem Fenster. Die Triebwerke brennen!" Mit flinken Handgriffen hängt der Pilot sich selbst einen Fallschirm um und zurrt ihn fest. Hektisch macht Peter es ihm nach.
„So, und jetzt raus hier!", schreit der Pilot und reißt die Tür auf.

Peter macht einen Schritt auf die Öffnung zu und wirft einen Blick in die Tiefe.
„Keine zehn Pferde kriegen mich da raus!", sagt er und will zurückweichen. Doch da gibt ihm der Pilot einen kräftigen Stoß. Peter taumelt zur Tür hinaus, wirft die Arme hoch ... und stürzt in die Tiefe!
„Hiiilllfffeee!", brüllt Peter verzweifelt, als der Fallschirm sich nicht öffnet.
Rums! Er knallt unsanft auf den Boden.
Verdattert schlägt Peter die Augen auf und sieht sich um. Er liegt in seinem Bauwagen, direkt vor seinem Bett. „Was für ein Alptraum!", stöhnt er und wischt sich den Schweiß von der Stirn.

Eine uralte Erfindung

Schon zu Beginn des 14. Jahrhunderts, also vor rund 700 Jahren, sprangen in China waghalsige Artisten mit einer Art Sonnenschirm von hohen Türmen herab – die ersten Fallschirmspringer.

Leonardos Fallschirm

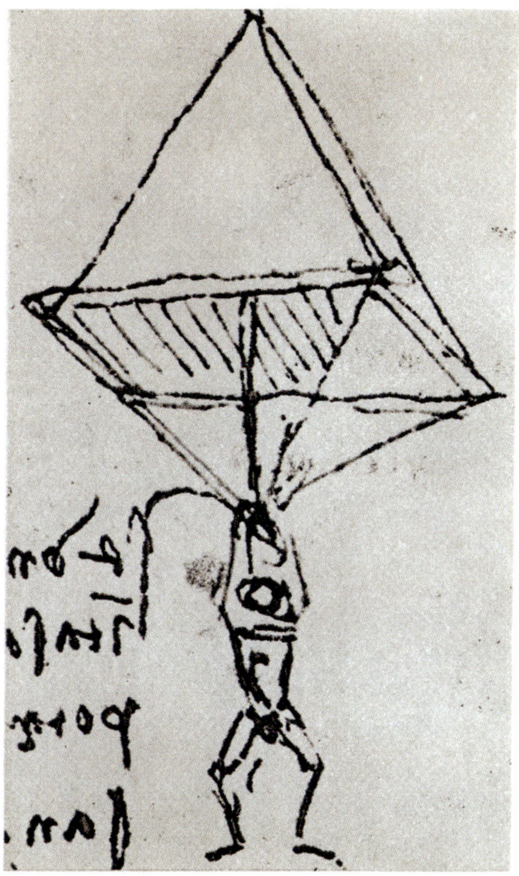

200 Jahre später machte sich Leonardo da Vinci, der sich gerne und oft mit dem Traum vom Fliegen befasste, Gedanken über einen Fallschirm und entwarf eine Skizze. Leider gab es noch keine geeigneten Materialien, mit denen er seine Idee hätte verwirklichen können. Schade, denn heute weiß man, dass sein Fallschirm tatsächlich funktioniert hätte.

Tiere am Fallschirm

In der Luftfahrt wurde ein Fallschirm zum ersten Mal 1785 eingesetzt, als der Franzose Jean-Pierre Blanchard in Frankfurt einen Hund und ein Jahr später einen Hammel am Fallschirm aus einem Ballon fallen ließ.

Der Fallschirm in der Luftfahrt

Eine wichtige Rolle spielen Fallschirme erst seit Beginn der Luftfahrt. Weil man dank Fallschirmen einen Sprung aus großer Höhe unbeschadet überstehen kann, werden sie vor allem in drei Situationen eingesetzt:

1. um ein Flugzeug vor dem drohenden Absturz zu verlassen.
2. um schnell an einen Ort zu gelangen, der auf anderem Weg nur schwer zu erreichen ist.
3. um Gegenstände in unwegsamem Gelände abzuwerfen. Dies ist oft die einzige Möglichkeit, Hilfsmittel rasch in ein Katastrophengebiet zu bringen.

Peters Fallschirm

„Was basteln Sie denn da Schönes?", will Paschulke wissen, als er am nächsten Tag kommt, um endlich sein ersehntes Luftbild abzuholen.
„Wonach sieht's denn aus?", fragt Peter zurück. Er ist gerade fertig geworden und faltet das Ergebnis seiner Arbeit schnell zusammen.
„Ich weiß nicht", entgegnet der Nachbar und schaut verblüfft zu, wie Peter die Stuhltreppe hinaufklettert. Nun steht Peter oben auf der Dachterrasse des Bauwagens und ruft:
„Auffangen, Herr Nachbar. Das ist für Sie!"
Er wirft etwas in die Luft. Ein Fallschirm öffnet sich und lässt eine kleine Figur, die daran baumelt, sachte abwärts schweben.
„Ein Fallschirm?", staunt der Nachbar.
„Wie kommen Sie denn auf so etwas?"
„Ich musste heute Nacht im Traum aus einem brennenden Flugzeug springen", scherzt Peter.
„Dummerweise ging der Fallschirm nicht auf."
„Du meine Güte!", stöhnt Paschulke und fängt schnell noch den kleinen Fallschirm auf.

„Nanu? Da hängt ja noch was dran", bemerkt er.
„Mein Foto! Mein Ballonfahrt-beweis! Danke, Herr Lustig. Vielen Dank."
Peter kommt lächelnd die Treppe herunter.
„Bitte, bitte. Und jetzt können Sie sogar reinen Gewissens behaupten, sie hätten das Bild eigenhändig ‚von oben' mitgebracht."

Möchtest du dir auch einen Fallschirm basteln? Das geht mit wenigen Handgriffen. Peter zeigt dir, wie's gemacht wird:

Du brauchst:
- *20 cm Chenille-Draht (aus dem Bastelladen)*
- *120 cm Bindfaden*
- *Schere*
- *1 Plastikeinkaufstüte (Supermarkt)*

1. Beginne mit dem Fallschirmspringer. Dazu klappst du den Chenille-Draht in der Mitte zusammen, so dass zwei gleich lange Schenkel entstehen. Drehe diese etwa 1,5 cm vom Knick entfernt zweimal um sich selbst. So entsteht eine Schlinge. Das ist der Kopf.

2. Bilde unter dem Kopf zwei kleine Schlaufen für die Arme. Drehe die beiden Schenkel des Drahts darunter mehrmals um sich selbst, um den Körper des Fallschirmspringers zu formen. Die losen Enden biegst du anschließend ebenfalls zu kleinen Schlaufen. Das sind die Beine.

3. Schneide für den Fallschirm aus der Einkaufstüte ein 30 x 30 cm großes quadratisches Stück Folie aus.

4. Schneide vom Bindfaden vier je 30 cm lange Stücke ab und binde diese an die vier Ecken der Plastikfolie.

5. Befestige je zwei nebeneinander liegende lose Fadenenden an den Armen des Fallschirmspringers. Verknote die Enden gut, damit sie sich während des Flugs nicht lösen können.

6. Knülle den Fallschirm samt Springer zusammen und wirf ihn hoch in die Luft. Nun kannst du beobachten, wie sich der Fallschirm öffnet und langsam zu Boden schwebt.

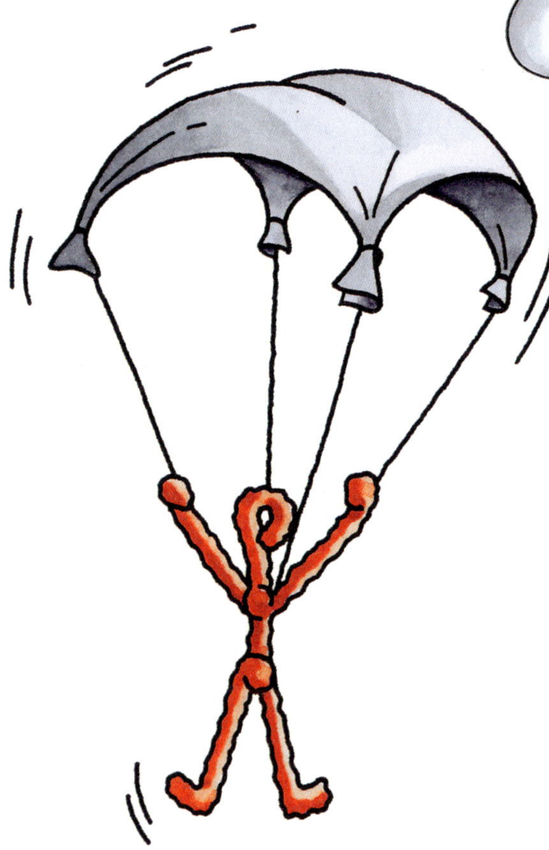

Fallschirmspringen

Viele Menschen finden die Vorstellung, in großer Höhe aus einem Flugzeug springen zu müssen, gruselig. Andere können sich nichts Schöneres vorstellen und haben den Sprung aus den Wolken zu einer aufregenden Sportart gemacht. Fallschirmsportler springen aus Höhen zwischen 1 000 und 4 500 Metern ab. Einen großen Teil der Strecke nach unten legen sie im freien Fall zurück, bevor sie den Schirm öffnen.

Wer den Sprung aus dem Flugzeug ausprobieren will, ohne vorher eine Schulung mitgemacht zu haben, kann im Tandem abspringen. Dabei wird er von einem erfahrenen Springer einfach huckepack mitgenommen.

Gebremster Fall: Fallschirmspringen

Drachenfliegen erfordert viel Kraft.

Drachenfliegen

Beim Drachenfliegen hängt der Sportler bäuchlings unter einem großen Drachen, einem mit Kunststofffolie bespannten Gerüst aus leichtem Metall. Gesteuert wird dieser so genannte Hängegleiter, indem der Pilot sein Gewicht verlagert. Gestartet wird von geeigneten Abhängen aus. Nach dem Start sind Drachenflieger dem Wind ausgeliefert. Deshalb achten sie sehr genau darauf, wie und woher der Wind bläst, bevor sie abspringen.

Gleitschirmfliegen

Der Gleitschirm wird auch Gleitsegel oder Paraglider genannt. Wie beim Drachen erfolgt der Start auch beim Gleitschirm von Anhöhen aus. Gesteuert wird der Gleitschirm durch Gewichtsverlagerung und durch zwei Steuerseile, mit denen die Form des Segels verändert werden kann.
Der Pilot hängt in sitzender Position am Schirm. Auch Gleitschirmflieger sind stark von Wind und Wetter abhängig.

Der Gleitschirm bietet einen luftigen Panoramasessel.

Lautlose Eleganz: ein Segelflugzeug

Segelflug

Für die Luftfahrt spielt er keine Rolle, aber als Hobby ist der Segelflug sehr beliebt. Reine Segelflugzeuge haben keinen Motor und fliegen deshalb fast geräuschlos. Motorsegler dagegen sind für den Start, aber auch für den Notfall mit einem Motor ausgestattet. Segelflugzeuge ohne Motor sind beim Start auf Hilfe angewiesen. Sie werden entweder von einer Seilwinde in die Höhe gezogen oder von einem Motorflugzeug am Schleppseil in die Luft verfrachtet. Nach dem Ausklinken des Schleppseils beginnt der Segelflug, der nur von der Schwerkraft, dem Auftrieb und dem Wind bestimmt wird – ein Flugerlebnis, das sich mit nichts vergleichen lässt. Moderne Segelflugzeuge können aus einer Höhe von einem Kilometer im Gleitflug bis zu 40 km weit fliegen.

Kleines Luftfahrt-Lexikon

Airline (engl.): Fluggesellschaft, z.B.: Lufthansa, British Airways

Auftrieb: die physikalische Kraft, die ein Flugzeug in der Luft hält

Autopilot: Steuerungsanlage, die ein Flugzeug automatisch auf Kurs hält

Billigflieger: Fluggesellschaft, die Linienflüge zu niedrigen Preisen anbietet

Blackbox (engl.): anderer Ausdruck für Flugschreiber

Cockpit (engl.): Arbeitsplatz der Piloten im Flugzeug, auch Pilotenkanzel genannt

Crew (engl.): Besatzung eines Flugzeugs (Pilot, Kopilot, Flugbegleiter)

Doppeldecker: Flugzeug mit zwei übereinander angeordneten Tragflächen

Eindecker: Flugzeug mit einem Tragflächenpaar

Flugkapitän: anderer Ausdruck für Pilot

Fluglotse: Die Aufgabe des Fluglotsen ist es, Flugzeuge vom Boden aus zu überwachen und zu leiten.

Flugsimulator: nachgebildete Pilotenkanzel, in der am Boden zu Trainingszwecken Flugbedingungen simuliert (= vorgetäuscht) werden

Flugsteig: abgegrenzter Bereich auf dem Flughafen, in dem die Passagiere ins Flugzeug einsteigen

Gate (engl.): Zugang zum Flugsteig, meist in einer Zahlen-/Buchstabenkombination nummeriert (z. B.: A2)

GPS: Abkürzung für Global Positioning System (engl.) – Satellitengestütztes Navigationssystem, das die genaue Position des Flugzeugs anzeigt

Höhenmesser: Instrument, das die Flughöhe anzeigt

Jet (engl.): Flugzeug mit Düsentriebwerken

Jetlag (engl.): Störung des natürlichen Schlafrhythmus nach der Überquerung mehrerer Zeitzonen auf langen Flügen, die ungewöhnliche Müdigkeit oder Schlaflosigkeit verursachen kann

Kabine: der Bereich eines Flugzeugs, in dem die Passagiere sitzen

Knoten: aus der Seefahrt übernommene Einheit für die Geschwindigkeit – 1 Knoten = 1,8252 km/h

Künstlicher Horizont: Instrument, von dem sich ablesen lässt, ob das Flugzeug waagerecht in der Luft liegt

Mach: Maßeinheit, in der die Überschallgeschwindigkeit gemessen wird

Radar: Gerät, mit dem sich Gegenstände orten lassen, die z. B. wegen Wolken oder Dunkelheit nicht zu sehen sind

Speed (engl.): Geschwindigkeit

Steward/Stewardess (engl.): Flugbegleiter und Flugbegleiterin

Take-off (engl.): Start eines Flugzeugs

Tower (engl.): Kontrollturm auf einem Flughafen, in dem Fluglotsen den Luftverkehr überwachen und leiten

Transit (lat.): Durchreise – Transit-Passagiere nutzen den Flughafen zum Umsteigen, ohne ihn zu verlassen

Turbulenz: Luftverwirbelung, die Flugzeuge erschüttert und schwer steuerbar macht